AI Content

Seedlesson uses AI technologies to assist in developing educational content such as reading texts and assessments. Materials are reviewed by a team of adult education professionals before publishing. Images were generated using AI tools.

The Life of a Seed

La vida de una semilla

CEFR A1-A2

How to Use this Book with Seedlesson.com

Read this book on your mobile phone or computer.

Scan QR Code

1. Scan this code with your mobile phone camera:

2. Your web browser will open to this page: **www.seedlesson.com/s101**

Go to seedlesson.com

1. Go to seedlesson.com on your mobile phone or computer.

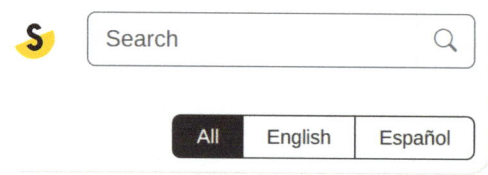

2. Into Search, enter **S101** and click 🔍

Page Search

1. Look for the **code** above the page title:

S101-12

2. Go to seedlesson.com and enter the code into Search:

S101-12 🔍

3. View and use online tools connected to the book.

Cómo usar este libro con Seedlesson.com

Lee este libro en tu teléfono móvil o en tu computadora.

Escanea el código QR

1. Escanea este código con la cámara de tu teléfono móvil:

2. Tu navegador web se abrirá en esta página:
www.seedlesson.com/s101

Ir a seedlesson.com

1. En tu teléfono móvil o computadora, entra a:
www.seedlesson.com

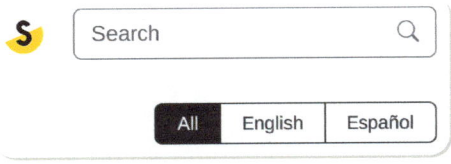

2. En la barra de búsqueda, escribe **S101** y haz clic en la lupa.

Búsqueda por código de página

1. Busca el **código** que aparece arriba del título de la página:

S101-12

22. Entra a seedlesson.com y escribe el código en la barra de búsqueda:

3. Visualiza y usa las herramientas en línea conectadas con el libro.

How to Save Your Practice Work

Save your reading and writing practice work. View and share your progress.

Go to <u>seedlesson.com</u>

 Home

Get a Login Link

1. Enter your email.

2. Receive an email with a link.

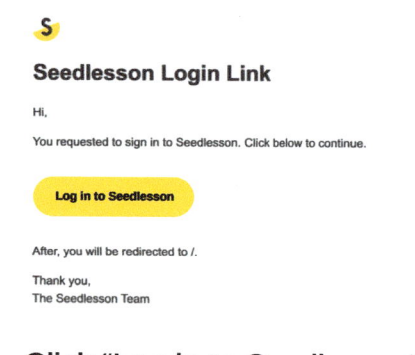

3. Click "Log in to Seedlesson" to view.

Save and View Work

1. Save your writing and practice work.

2. Click the menu.

3. Click **Practice** to view your practice work.

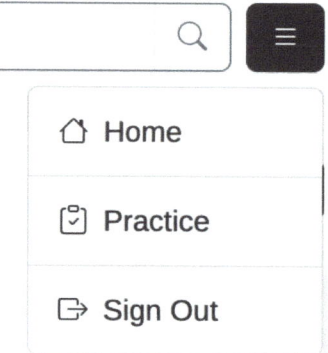

If you need help, email us at **help@seedlesson.com.**

Cómo guardar tus prácticas

Guarda tus ejercicios de lectura y escritura. Visualiza y comparte tu progreso.

Ve a seedlesson.com

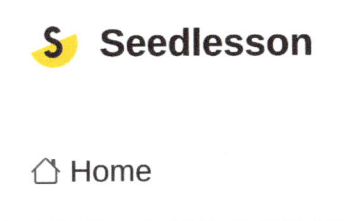

Obten un enlace de acceso

1. Escribe tu correo electrónico.

2. Recibirás un correo con un enlace.

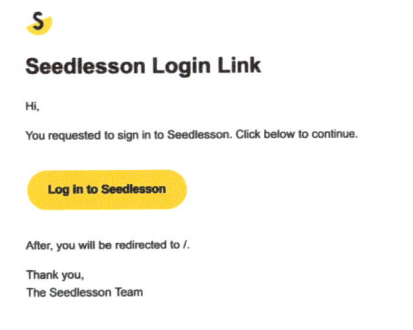

Haz clic en "Iniciar sesión en Seedlesson" para ver tu trabajo.

Guardar y ver tus prácticas

1. Guarda tus ejercicios de escritura y práctica.

2. Haz clic en el menú.

3. Haz clic en **Práctica** para ver tus ejercicios guardados.

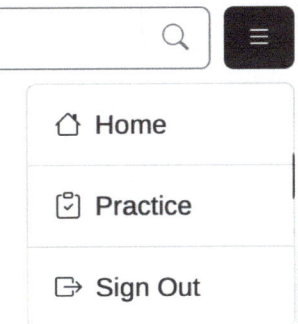

Si necesitas ayuda, escríbenos a **help@seedlesson.com.**

What is a Seed?

Seeds come from plants and grow into plants.

Seeds are in fruits, flowers, and trees.

Some seeds are round and some are flat.

They come in many sizes and colors.

¿Qué es una semilla?

Las semillas provienen de las plantas y crecen para convertirse en plantas.

Las semillas se encuentran en frutas, flores y árboles.

Algunas semillas son redondas y otras planas. Vienen en muchos tamaños y colores.

This image shows the first step of a plant's life. First, a large brown seed in the soil. A small green plant is growing out of the seed. The plant has three leaves. It grows roots in the soil.

Esta imagen muestra el primer paso en la vida de una planta. Primero, una semilla grande y marrón en la tierra. De la semilla crece una pequeña planta verde. La planta tiene tres hojas y desarrolla raíces en la tierra.

Growing Seeds

People plant seeds in pots at home.

Others plant seeds in gardens or on farms.

Some plant seeds in cities, small towns, and in the countryside.

Seeds can grow into vegetables, fruits, flowers, herbs, or trees.

Sometimes people grow seeds for food, like tomatoes, beans, or lettuce.

Others grow seeds for flowers to make their homes more beautiful.

Plantar semillas

Algunas personas plantan semillas en macetas, en sus casas.

Otras, siembran semillas en jardines o en granjas.

Algunas personas siembran semillas en ciudades, pueblos pequeños y en el campo.

Las semillas pueden crecer y convertirse en vegetales, frutas, flores, hierbas o árboles.

A veces se cultivan semillas para obtener alimentos, como tomates, frijoles o lechugas.

Otras, se cultivan semillas para obtener flores y hacer sus hogares más bonitos.

The first image shows a green leafy plant in a pot by the window. We can grow food inside. The second image shows colorful flowers blooming in a garden. There are trees in the back, and the sun is shining. The third image shows a tall corn plant growing on a farm. The sky is blue, and there is a barn in the background.

La primera imagen muestra una planta verde y frondosa en una maceta junto a la ventana. Ilustra cómo odemos cultivar alimentos dentro de casa. La segunda imagen muestra coloridas flores en un jardín. Hay árboles al fondo y el sol brilla. La tercera imagen muestra una planta de maíz creciendo en una granja. El cielo está azul y hay un granero al fondo.

What a Seed Needs to Grow

To grow, a seed needs soil, water, and sunlight.

Seeds can stay dormant for a long time.

They grow when they get what they need.

Qué necesita una semilla para crecer

Para germinar, una semilla necesita sustrato, agua y luz solar.

Las semillas pueden permanecer durmientes por mucho tiempo.

Germinan cuando reciben lo que necesitan.

The image shows water drops falling from the sky. The soil is wet and dark. It is raining. Small green plants have roots and grow in the soil. The roots are under the ground. It is a peaceful image.

La ilustración muestra gotas de agua cayendo del cielo. La tierra está húmeda y oscura. Llueve. Pequeñas plantas verdes con raíces crecen en la tierra. Las raíces se ven bajo el suelo. Es una imagen serena.

13

How a Seed Starts Growing

The first part of a seed to grow is the root.

The root stretches down into the soil to find water.

Then the seed sprouts.

The sprout then becomes a stem.

Leaves then grow from the stem and reach for the sun.

Cómo empieza a crecer una semilla

La parte de la semilla que crece primero, es la raíz.

La raíz se extiende bajo la tierra buscando agua.

Luego surge el brote.

El brote, luego se convierte en tallo.

Luego, las hojas crecen del tallo y se extienden hacia el sol.

This image shows how a seed grows. At first, the seed is small and in the soil. Then, it starts to grow roots and a small green stem. More leaves come out as it grows taller.

Esta imagen muestra cómo crece una semilla. Al principio, la semilla es pequeña y está en la tierra. Luego, comienza a desarrollar raíces, un brote, y luego un pequeño tallo verde. A medida que crece, le salen más hojas.

From Seed to Plant

As the plant grows taller and stronger, it also grows more leaves.

As the plant grows leaves, it becomes a young plant (also called a "seedling").

With time and care, the seedling will continue to develop.

De la semilla a la planta

A medida que la planta crece más alta y fuerte, también desarrolla más hojas.

Cuando la planta desarrolla hojas, se convierte en una planta joven (también llamada "plántula").

Con tiempo y cuidado, la plántula se seguirá desarrollando.

This picture shows a small plant in soil with a green sprout starting to grow. The water from the rain helps the seed grow. Its leaves are small and fresh. The background is a light green color.

Esta imagen muestra una semilla en la tierra con un brote verde que empieza a crecer. El agua de la lluvia ayuda a que la semilla germine. Las hojas son pequeñas y nuevas. El fondo es de color verde claro.

17

Plants with Flowers, Fruits, and Seeds

Some plants grow flowers, like sunflowers.

Some flowers turn into fruits.

Some fruits have seeds inside.

Plantas con flores, frutos y semillas

Algunas plantas, como los girasoles, desarrollan flores.

Algunas flores se convierten en frutos.

Algunos frutos tienen semillas adentro.

There are two images. The first image shows a big sunflower with big leaves. The petals are yellow and orange. The center part of the sunflower is brown. There are more sunflowers in the back. The second image is of sunflower seeds. The seeds are small, black, and can be eaten.

Hay dos imágenes. La primera, muestra un gran girasol con hojas grandes. Los pétalos son amarillos y naranjas. El centro de este girasol es marrón. En el fondo, vemos más girasoles. La segunda imagen muestra semillas de girasol pequeñas y negras, que son comestibles.

Plants Without Flowers

There are also plants that do not grow flowers.

For example, willow trees do not have flowers, they grow small pods instead.

The pods are small cases or shells that hold seeds inside.

Plantas sin flores

También existen plantas que no desarrollan flores.

Por ejemplo, los sauces no tienen flores; en su lugar crecen pequeñas vainas.

Las vainas son pequeñas cápsulas o envolturas que contienen semillas en su interior.

There are two images. The first image shows a large willow tree near water. The tree has long branches that hang down and the tree trunk is thick and brown. The second image shows long green pods from a tree branch. The pods appear to have seeds inside and there are green leaves around the pods.

La primera imagen muestra un gran sauce cerca del agua. Tiene ramas largas que cuelgan y un tronco grueso y marrón. La segunda imagen muestra largas vainas verdes colgando de una rama. Las vainas parecen contener semillas y están rodeadas de hojas verdes.

Where We Find Seeds

We find seeds in many foods that we eat.

For example, fruits like apples and papayas have seeds inside and so do vegetables like cucumbers and peppers.

Grains are also seeds, such as rice and corn.

Even coffee and nuts are seeds.

Dónde encontrar semillas

Encontramos semillas en muchos de los alimentos que comemos.

Por ejemplo, frutas como las manzanas y las papayas contienen semillas dentro, al igual que vegetales como los pepinos y los pimientos.

Los granos, como el arroz y el maíz, también son semillas.

Incluso el café y las nueces son semillas.

This image has fruits and vegetables. There is a papaya cut in half and has many black seeds inside. A red pepper and a red tomato are cut too. You can also see green fruit on the back, and coffee beans, and rice on the ground. These foods come from plants and have seeds.

Esta imagen muestra frutas y verduras. Se ve una papaya partida por la mitad con muchas semillas negras por dentro. También se ven un pimiento rojo y un tomate rojo cortados. Al fondo, se ven frutas verdes, granos de café y arroz sobre el suelo. Todos estos alimentos provienen de plantas y contienen semillas.

Growing Seeds at Home

You don't need a big garden to grow seeds.

You can use a small pot, a cup or a box.

You can grow herbs like mint, basil, oregano, cilantro or parsley.

Put them in soil, give them water, and make sure they get sunlight.

Then wait and watch them grow.

Sembrar semillas en casa

No necesitas un gran jardín para sembrar semillas.

Puedes usar una maceta pequeña, una taza o una caja.

Puedes sembrar hierbas como menta, albahaca, orégano, cilantro o perejil.

Sólo colócalas bajo tierra, dales agua y asegúrate de que reciban luz solar.

Luego espera, y obsérvalas crecer.

This image shows several small green plants growing in orange pots next to a window with a lot of sunlight. The plants look healthy and are herbs.

La imagen muestra varias plantas verdes y pequeñas creciendo en macetas naranjas, junto a una ventana con mucha luz solar. Estas plantas son hierbas y se ven sanas.

Seeds and the Seasons

Each kind of seed grows well when planted at the right time of year.

This means plants need good weather, temperature, and sunlight to grow.

For example, lettuce and peas grow well in spring. Pumpkins and corn grow well in summer.

Some seeds, like garlic or spinach, are planted in the fall.

Most seeds don't grow in winter because of the cold temperatures.

Farmers check the weather to choose the proper time to plant.

Las semillas y las estaciones

Cada tipo de semilla tiene una época del año adecuada donde crece mejor.

Esto significa que las plantas necesitan cierto clima, temperatura y luz solar para crecer.

Por ejemplo, la lechuga y los chícharos o arvejas crecen bien en primavera.

Las calabazas y el maíz crecen bien en verano.

Algunas semillas, como el ajo o la espinaca, se plantan en otoño.

La mayoría de las semillas no crecen en invierno debido a las bajas temperaturas.

Los agricultores siempre observan el clima para elegir el momento adecuado de siembra.

This image shows a plant changing through the seasons. On the left, the leaves are green and tall. This looks like spring. In the middle, the plant's leaves are starting to turn yellow, like some plants in summer. On the right, the leaves are orange and red. This looks like fall. The plant changes as the seasons change.

La imagen muestra una planta cambiando a través de las estaciones. A la izquierda, las hojas están verdes y altas, como en primavera. En el centro, las hojas empiezan a ponerse amarillas, como algunas plantas en verano. A la derecha, las hojas se ven naranjas y rojas, como en otoño.

Seeds Around the World

Different seeds are planted and grown all over the world.

For example, rice grows in many parts of Asia such as India and China.

Corn grows in North America throughout Mexico and the United States.

Seeds are also of great importance within cultures as they provide sustenance and can connect people to their lands and traditions.

Las semillas en el mundo

En todo el mundo crecen y se siembran diferentes semillas.

Por ejemplo, el arroz crece en muchas partes de Asia, como India y China.

En América del Norte, el maíz crece en México y Estados Unidos.

Las semillas son muy importantes para las culturas porque proporcionan sustento y conectan a las personas con sus tierras y tradiciones.

This image shows many colorful bowls filled with seeds and foods made from plants. There are yellow, orange, green, and brown seeds. Some seeds are big, and some are small. These seeds come from different places around the world.

Esta imagen muestra varios tazones coloridos, llenos de semillas y alimentos hechos de plantas. Hay semillas amarillas, naranjas, verdes y marrones. Algunas son grandes y otras pequeñas. Estas semillas provienen de diferentes partes del mundo.

29

Saving Seeds

Seeds are saved and kept in a dry and cool place until it's time to plant again.

This is called seed saving and it helps people grow their own food every year.

Seed saving also helps protect local plants.

Almacenamiento de semillas

Las semillas se guardan en un lugar seco y fresco hasta que llegue el momento de volver a plantarlas.

Esto se llama almacenamiento de semillas y ayuda a las personas a cultivar su propia comida cada año.

Guardar semillas también ayuda a proteger las plantas locales.

This image shows many glass containers. Each is filled with a different kind of seed. There are yellow, orange, red, green, brown, and black seeds. Some are small and round, and others are long and flat. They are being saved to plant at a later time.

Esta imagen muestra muchos frascos de vidrio. Cada uno está lleno de un tipo diferente de semilla. Hay semillas amarillas, naranjas, rojas, verdes, marrones y negras. Algunas son pequeñas y redondas, y otras largas y planas. Son guardadas para ser plantadas más tarde.

Types of Seeds

There are many kinds of seeds.

Some are big, like avocado seeds.

Others are small, like chia seeds or lettuce seeds.

Some are soft and some are firm.

Each seed grows in its own way.

Tipos de semillas

Hay muchos tipos de semillas.

Algunas son grandes, como las semillas de aguacate.

Otras son pequeñas, como las semillas de chía o de lechuga.

Algunas son suaves y otras son firmes.

Cada semilla crece a su manera.

The image shows two types of seeds. The big, round, smooth, and brown seeds are avocado seeds. The tiny, multicolored, hard seeds are chia seeds. Both types of seeds come from plants, some are large and others are very small.

La imagen muestra dos tipos de semillas. Las semillas grandes, redondas, lisas y marrones son de aguacate. Las semillas pequeñas, duras y de varios colores son de chía. Ambos tipos de semilla provienen de plantas: algunas son grandes y otras muy pequeñas.

How to Take Care of Seeds

To help a seed grow, we must take care of it.
We water its soil when it gets dry.

We keep it warm and make sure it has sunlight.

A seed grows when it gets the right amount of
water, warmth, and sunlight.

If a seed gets too much water or if a seed
doesn't get light, it may not grow.

Cómo cuidar de las semillas

Para ayudar a una semilla a crecer,
debemos cuidarla.

Regamos su tierra cuando se seca.

Una semilla crece cuando recibe la cantidad
adecuada de agua, calor y luz solar.

Si una semilla recibe demasiada agua o no
recibe luz, puede que no crezca.

This image shows two hands holding seeds of different sizes. There is a lot of soil and there are small green plants too.

Esta imagen muestra dos manos sosteniendo semillas de diferentes tamaños. Hay mucha tierra y también pequeñas plantas verdes.

Seeds and Soil

Seeds grow best in healthy soil that has air, water, and bits of old plants.

Sometimes soils have compost.

Compost is a mix of old plants and food scraps, which are nutrients that help plants grow.

Las semillas y el suelo

Las semillas crecen mejor en suelos saludables que tengan aire, agua y restos de plantas viejas.

A veces, los suelos o sustratos tienen composta.

La composta es una mezcla de plantas viejas y sobras de comida, que son nutrientes que ayudan a las plantas a crecer.

This image shows dark and healthy soil in a garden. Green plants grow in it. The soil also has roots and small pieces of old plants.

Esta imagen muestra tierra oscura y saludable en un jardín. Crecen plantas verdes en ella. La tierra también tiene raíces y pedacitos de plantas viejas.

Seeds and Water

Water helps the seed open and grow roots.

As the seed grows, it becomes a plant.

But too much water can hurt the plant and stop it from growing.

We must learn to give just the right amount of water.

Las semillas y el agua

El agua ayuda a que la semilla se abra y desarrolle raíces.

Aunque demasiada agua puede dañar la planta y detener su crecimiento.

Debemos aprender a darle la cantidad adecuada de agua.

This image shows a green watering can with water coming out of it. There are plants in pots next to the watering can and their leaves look green and healthy. Some plants are small and some plants are big. The image shows that plants need water to stay alive and healthy.

Esta imagen muestra una regadera verde con agua saliendo de ella. Hay plantas en macetas, con hojas verdes y sanas. Algunas plantas son pequeñas y otras grandes. La imagen muestra que las plantas necesitan agua para mantenerse vivas y saludables.

How Plants Reproduce

Seeds are a part of nature and they grow with help from the sun, the rain, and the wind.

When insects, such as bees and butterflies carry pollen from one flower to another, this is called pollination.

Pollination helps plants make more seeds.

Cómo se reproducen las plantas

Las semillas son parte de la naturaleza y crecen con ayuda del sol, la lluvia y el viento.

Los insectos como las abejas y las mariposas transportan polen de una flor a otra. Esto se llama polinización.

La polinización ayuda a las plantas a producir más semillas.

This image shows many colorful flowers. The flowers are orange, yellow, and purple. There are insects in the air, some insects might be bees.

Esta imagen muestra muchas flores coloridas. Se ven flores naranjas, amarillas y moradas. Hay insectos en el aire, algunos podrían ser abejas.

Seeds in Tradition

In many places, seeds are part of culture and tradition, and they are saved through generations.

Families pass seeds down so they can grow special foods from their home.

Saving seeds keeps traditions alive and helps families stay connected to their culture.

Las semillas y la tradición

En muchos lugares, las semillas son parte de la cultura y la tradición, y se conservan a lo largo de generaciones.

Algunas familias transmiten las semillas de generación a generación para que los alimentos que son especiales sean cultivados en su lugar de origen.

Guardar semillas mantiene vivas las tradiciones y ayuda a las familias a conservar su conexión cultural

This image shows two people planting together. They are putting a green plant in soil. One person's hands look young, and the other person's hands look old.

Esta imagen muestra a dos personas plantando juntas. Están colocando una planta verde en la tierra. Vemos las manos de una persona jóven, y las de una persona anciana.

43

Seeds and the Economy

Seeds can help people earn money.

Seeds that grow into crops can be sold by farmers at markets.

People also sell other seeds, herbs, and flowers.

This is how seeds support communities.

Las semillas y la economía

Las semillas pueden ayudar a las personas a ganar dinero.

Las semillas que crecen en cultivos pueden ser vendidas por los agricultores en los mercados.

Las personas también venden otras semillas, hierbas y flores.

Así es como las semillas sostienen a las comunidades.

This picture shows a busy outdoor market with many fruit and vegetable stands. The stands are full of colorful foods like carrots, tomatoes, bananas, and lettuce. There are red, blue, and orange covers above the tables. The market is bright and sunny.

Esta imagen muestra un mercado al aire libre con muchos puestos de frutas y verduras. Los puestos están llenos de alimentos coloridos como zanahorias, tomates, plátanos y lechugas. Hay toldos rojos, azules y naranjas sobre las mesas. El mercado se ve luminoso y soleado.

45

Seeds and Sustainability

Growing seeds is good for the Earth.

When we grow food at home or in a garden, we use less plastic and packaging.

We waste less, and we eat fresh food.

Even a small garden can help the planet.

Las semillas y la sustentabilidad

Cultivar semillas es bueno para el planeta Tierra.

Cuando cultivamos alimentos en casa o en un jardín, usamos menos plástico y empaques.

Desperdiciamos menos y comemos alimentos frescos.

Incluso un pequeño jardín puede ayudar al planeta.

This image shows a house with a garden that has many green plants. There is also a tree and a fence.

Esta imagen muestra una casa con un jardín lleno de plantas verdes. También hay un árbol y una cerca.

Seeds and the Future

Seeds provide food, beauty, and life.

When we plant seeds, big changes can happen.

Planting seeds brings hope.

Las semillas y el futuro

Las semillas proveen alimento, belleza y vida.

Cuando plantamos semillas, pueden ocurrir grandes cambios.

Plantar semillas trae esperanza.

The top image shows a path with trees on both sides. There are also flowers near the path and there are butterflies flying above.

Esta imagen muestra un sendero con árboles a ambos lados. Hay flores cerca del camino, hojas flotando en el aire y mariposas volando.

Every Seed Matters

Every seed has the power to grow.

It may be small, but it can do great things.

When we plant a seed, we plant a better tomorrow.

Cada semilla importa

Cada semilla tiene el poder de crecer.

Podrá ser pequeña, pero puede lograr grandes cosas.

Cuando plantamos una semilla, plantamos un mañana mejor.

In the center of this image is a tree with green, yellow, and orange leaves. There are more trees in the background and there are buildings

En el centro de esta imagen hay un árbol con hojas verdes, amarillas y naranjas. Al fondo, hay edificios y más árboles.

Vocabulary / Vocabulario

English	Español	Part of Speech	Definition	Definición
amount	cantidad	noun	relates to quantity, which is how much of something there is.	medida de cuánto hay de algo.
Asia	Asia	noun	the continent with the most land and people.	continente con más tierra y población.
avocado	aguacate	noun	a green fruit with soft flesh and a large seed in the center.	fruta verde con pulpa suave y una semilla grande en el centro.
basil	albahaca	noun	a green plant used in cooking for its flavor. It is often used for pasta, pizza, and salads.	planta verde usada en la cocina por su sabor.
bee	abeja	noun	a small flying insect that helps plants by moving pollen.	insecto volador pequeño que ayuda a las plantas moviendo el polen.
beauty	belleza	noun	something that looks, sounds, or feels nice and makes you happy.	algo que se ve, suena o se siente bonito y que nos alegra.
bloom	florecer	verb	to open up like a flower.	abrirse como una flor.
butterfly	mariposa	noun	an insect with large, often colorful wings.	insecto con alas grandes y coloridas.
change	cambio	verb	to become different or to make something different.	transformarse o transformar algo.
chia seeds	chía	noun	tiny seeds that are usually black or white and used as food.	semillas diminutas, usualmente negras o blancas, usadas como alimento.
China	China	noun	a country in Asia with the largest population.	país en Asia con la población más grande.
compost	composta	noun	a mix of old plants and food scraps that is added to soil because it helps plants grow.	mezcla de plantas viejas y restos de comida que se añade a la tierra porque ayuda al crecimiento.
continent	continente	noun	one of the main large areas of land on earth.	una de las grandes áreas de tierra.

English	Español	Part of Speech	Definition	Definición
corn	maíz	noun	a grain plant that produces kernels used as food.	planta que produce granos usados como alimento.
crops	cultivo	noun	plants grown on farms in large amounts to provide food or income.	plantación usada para alimento o comercio.
dormant	durmiente	adjective	not growing now, but can grow later when it gets what it needs.	inactivo. Que no está creciendo ahora pero puede crecer más adelante.
fresh	fresco	adjective	recently picked or made, not old.	recién hecho o cosechado, no viejo.
fruit	fruta	noun	a part of a plant that is often sweet and has seeds inside.	parte de una planta, generalmente dulce, que contiene semillas.
garden	jardín	noun	small outdoor areas to grow plants or flowers.	espacio al aire libre donde crecen plantas o flores.
generation	generación	noun	a group of people who are born around the same time.	grupo de personas nacidas en la misma época.
grain	grano	noun	small, hard seed from plants like wheat, rice, or corn that people use for food.	semilla pequeña y dura, como el trigo, el arroz o el maíz, usada como alimento.
healthy	saludable	adjective	strong in body and mind, without sickness.	fuerte y sin enfermedad
herb	hierba	noun	small plants used in cooking and as medicine.	planta pequeña usada para cocinar o como medicina.
hope	esperanza	noun	a feeling of wishing for something good to happen.	deseo perdurable de que ocurra algo bueno.
insect	insecto	noun	very small animals that have six legs.	animal pequeño con seis patas.
lettuce	lechuga	noun	a leafy green plant often eaten in salads.	planta verde que se come en ensaladas.

English	Español	Part of Speech	Definition	Definición
life	vida	noun	being alive, like breathing, growing, playing, feeling, and learning.	estar vivo, respirar, crecer y aprender.
market	mercado	noun	a place where goods are bought and sold.	lugar donde se compran y venden productos.
Mexico	México	noun	a country south of the United States in North America.	país de América del Norte al sur de Estados Unidos.
mint	menta	noun	a green plant with a fresh smell. Its leaves are often placed in hot water to make tea.	planta verde de aroma fresco cuyas hojas se usan para té.
nature	naturaleza	noun	everything in the world that is not made by people.	todo lo que existe sin ser creado por los humanos.
North America	Norteamérica	noun	a continent that includes Canada, the United States, and Mexico.	continente que incluye Canadá, Estados Unidos y México.
nutrients	nutrientes	noun	things in food or soil that help living things grow.	sustancia del suelo o de los alimentos que ayuda a crecer.
plant	planta	noun	a living thing that grows in soil and makes its own food through photosynthesis.	ser vivo que crece en la tierra y se alienta a través de la fotosíntesis.
pollen	polen	noun	a yellow powder made by flowers.	polvo amarillo que producen las flores.
pollination	polinización	noun	moving pollen between flowers.	traslado de polen entre flores.
power	poder	noun	the ability to make things change.	capacidad de generar cambios.
protect	proteger	verb	to guard from harm or danger.	cuidar o resguardar de daños o peligros.
rain	lluvia	noun	water that falls from the sky in drops.	agua que cae del cielo en gotas.
root	raíz	noun	the part of a plant that grows under the soil.	parte de la planta que crece bajo tierra.

English	Español	Part of Speech	Definition	Definición
seed	semilla	noun	part of a plant that can grow into a new plant.	parte de una planta que puede crecer y formar una nueva
seedling	plántula	noun	a young plant.	planta joven.
soil	tierra	noun	the ground where plants grow. It has small pieces of rock, dead leaves, insects, water, and air.	suelo o sustrato donde crecen las plantas.
sprout	brote	noun	a small and new part of a plant.	la primera parte en crecer de una planta.
stem	tallo	noun	the part of a plant that grows up.	parte de la planta que crece hacia arriba.
Sun	Sol	noun	the closest star to Earth.	estrella más cercana al planeta Tierra.
support	apoyar	verb	to give help or strength to someone or something.	dar ayuda o fuerza a alguien o algo.
sunlight	luz solar	noun	the light that comes from the sun.	luz que proviene del sol.
sustenance	sustento	noun	food or drink that helps people live and stay strong.	alimento o bebida que ayuda a vivir.
temperature	temperatura	noun	how hot or cold something is, measured with a thermometer.	Medición de cuán frío o caliente está algo.
tradition	tradición	noun	a practice or belief that is part of a culture and is handed down from one generation to the next.	práctica o creencia transmitida entre generaciones.
water	agua	noun	liquid essential for life.	líquido esencial para la vida.
wind	viento	noun	movement of the air.	movimiento del aire.
world	mundo	noun	the planet Earth and everything living on it.	el planeta Tierra y todo lo que vive en él.

Expressions / Expresiones

English	Español	Definition	Definición
a better tomorrow	un mañana mejor	making the future a happier, safer, or kinder place.	hacer del futuro un lugar más feliz, seguro y amable.

Credits / Créditos

Education Team / Equipo de educadores
Anna Guadarrama, M.Ed.
Apolonio Valdovinos Jr., M.Ed.
Mora Golstein

AI Images & Editing / Imágenes en IA y edición
Mora Golstein

Online Software / Software en línea
Destiney Yenchay